岩石
小侦探

［英］丹·格林 著

刘雪雁 译 邓宾 审校

中信出版集团 | 北京

图书在版编目（CIP）数据

岩石小侦探／（英）丹·格林著；刘雪雁译. -- 北京：中信出版社，2023.1

书名原文：ROCK SPOTTER

ISBN 978-7-5217-4691-4

Ⅰ.①岩…　Ⅱ.①丹…②刘…　Ⅲ.①地质学—青少年读物　Ⅳ.①P5-49

中国版本图书馆CIP数据核字（2022）第163109号

Original title: ROCK SPOTTER

© Dan Green, text, 2019

© 2019 Quarto Publishing plc

First published in 2019 by QED Publishing,

an imprint of The Quarto Group

All rights reserved.

Simplified Chinese translation copyright © 2023 by CITIC Press Corporation

ALL RIGHTS RESERVED

本书仅限中国大陆地区发行销售

岩石小侦探

著　者：［英］丹·格林

译　者：刘雪雁

审 校 者：邓宾

出版发行：中信出版集团股份有限公司

　　　　　（北京市朝阳区惠新东街甲4号富盛大厦2座
　　　　　邮编　100029）

承 印 者：北京利丰雅高长城印刷有限公司

开　本：787mm×1092mm　1/16

印　张：6　　字　数：150千字

版　次：2023年1月第1版

印　次：2023年1月第1次印刷

京权图字：01-2022-4709

书　号：ISBN 978-7-5217-4691-4

定　价：38.00元

MIX
Paper from responsible sources
FSC® C104723
www.fsc.org

岩石
小侦探

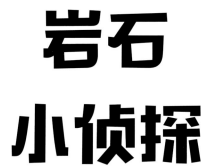

目录

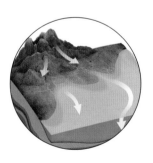

岩石小侦探

我们的岩石地球遍布自然奇观。本书将帮助你找到这些神奇的岩石、矿物和化石，并学会如何鉴别它们。

岩石

我们生活在一个大部分由岩石构成的行星上，它的表面有一层坚硬的岩石，由高温岩浆冷却形成，称为火成岩。火成岩之上覆盖了一层薄薄的沉积岩，沉积岩主要由母岩被风化作用分解产生的岩石颗粒沉积而成。

第三种岩石是变质岩，由地球深处的火成岩或沉积岩经变质作用而成。

这本书将帮助你区分这三种主要的岩石类型，并辨别每一类中常见的岩石。

矿物

　　每一块岩石都由微小的矿物颗粒组成。矿物是地球内部的不同元素成分天然形成的。它们的颜色千变万化，并以规律且重复的结构排列而成。在本书中，你将学习如何判断矿物所属的类型，并认识一些为人熟知的矿物。

化石

　　地壳岩石中埋藏了数不尽的自然瑰宝，除了钻石和祖母绿之类的宝石，还有古代动植物的遗迹。许多化石与现存的动植物种类相似。然而，更多物种已经灭绝，不复存在。了解化石能帮助我们探寻生命的开端，以及之后35亿年间发生的变化。

观察岩石所需物品清单

　　找寻那些埋藏的宝藏并不需要特殊的设备。最重要的工具就是你的眼睛。成为一名优秀的岩石小侦探要善于观察岩石和矿物中的细微差异。通过练习，你将能够辨认出石英的光泽和萤石的颜色。

　　在你的背包里装入以下物品：

- ·手持放大镜
- ·榔头或地质锤（使用时请让成年人协助）
- ·护目镜
- ·喷水瓶和刷子
- ·钢钉
- ·笔记本
- ·标签、钢笔或记号笔

火成岩

火成岩由熔化的岩石形成。很多火成岩是深色的，通常含有晶体，当受到光线照射时，这些晶体会发光。

大多数时候，我们脚下的地面是坚实的，殊不知越深入地下，温度越高，因此在足够深的地方，岩石就会熔化。当温度达到 1 250 摄氏度左右时，固态岩石会变成一种炽热的黏稠物，即岩浆。岩石最容易熔化的部分最先发生熔化，因为岩浆比周围未熔化的岩石轻，所以岩浆开始上升。

这些岩浆聚集在巨大的岩浆房中，并能强行侵入地壳各层，甚至能喷发至地表形成熔岩。随着岩浆冷却，其内部形成晶体，然后慢慢硬化变成岩石。

火成岩的种类

火成岩主要有两种类型。一种是地下的岩浆冷却形成的**侵入岩**。另一种是岩浆喷发至地表形成的**火山岩**，又叫作喷出岩。

在温度较低的地表形成细质颗粒。

在火山深处形成粗质颗粒。

你知道吗？

每深入地下 1 千米，温度就升高 25 摄氏度。地核甚至比太阳外层还要热！

如何观察一块火成岩

火成岩通常由许多表面平坦、边缘锋利的晶体组成。这些晶体有时非常小，需要用放大镜才能看到，但一般都比较大。

尽管火成岩中的晶体看起来杂乱无章，但当你通过放大镜观察时，就会发现它们是相互联结的。它们的边缘相接，在一个晶体的边缘处通常排列着另一个晶体。

细粒火成岩

晶体的生长需要很长一段时间。如果岩石里的晶体很小，说明岩浆冷却形成岩石的时间很短。

粗粒火成岩

有些火成岩含有非常大的晶体。聪明的岩石小侦探由此可以推断这些岩石是缓慢冷却形成的。

晶体颗粒大小不同的火成岩

有时候，细粒火成岩中镶嵌着大块晶体，看起来像一块巧克力碎饼干。当地下缓慢冷却的岩浆突然喷发至地表时就会形成这种火成岩。

岩石小词典

岩浆：炽热的、熔化的岩石。

火成：这个词听起来很奇怪，意思是"来源于火"。

侵入岩 (一)

顾名思义，侵入岩侵入固态岩层之间。它们由岩浆缓慢冷却形成，含有相互联结的中粒或粗粒晶体。

正长岩

正长岩含有中等大小的晶体，看起来有点儿像浅色的花岗岩。与花岗岩不同的是，正长岩一般不含石英，而是含有许多正长石。某些正长岩含有发光的矿物，因此当有光线照射时，岩石表面会微微发光。

找一找

你可以在火山区，特别是内陆火山区找到正长岩。正长岩经常用作地板和高档建筑的外部石材。

你知道吗？

正长岩（syenite）是以古埃及的赛伊尼镇（Syene）命名的。赛伊尼就是现在的埃及南部城市阿斯旺，因壮观的水坝而闻名。

闪长岩

闪长岩对于岩石小侦探来说很容易辨认。由于有黑白斑点，闪长岩亦称"盐和胡椒"岩。其矿物组成与花岗岩类似，但闪长岩的晶体更小。这种火成岩有时因含有钾长石而呈现出粉色。

找一找

闪长岩存在于夹在其他岩石之间的水平或垂直分布的火成岩薄层中。

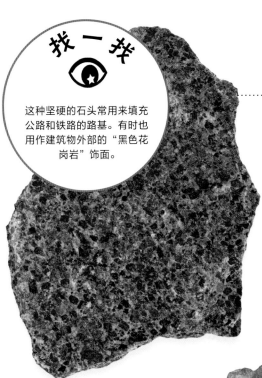

辉长岩

这种岩石很重要，构成了部分地壳。辉长岩看起来很像深灰色的玄武岩，但晶体更大。风化的辉长岩表面经常凹凸不平。

斜长岩

这种灰白色的火成岩很少见。与大部分由多种矿物混合形成的岩石不同，斜长岩几乎完全由一种矿物构成，即基性斜长石。这些幽灵般苍白的岩石组成了月球上的高地和浅色区域。一种被称为闪光石的斜长岩可在蓝光照射下微微发光。

你知道吗?

在地下深处形成的侵入岩被称为深成岩（plutonic rock）。Pluto 是罗马语"冥王"的意思。

侵入岩 (二)

下面这些侵入性火成岩来自地壳深处，所以在地表之上较为少见。有些侵入岩甚至形成于地幔，即地壳之下的固态层。

伟晶岩

伟晶岩的巨大晶体让它非常容易识别，因为没有别的岩石含有如此硕大的晶体。除了大块石英，伟晶岩还含有直径可达几米的云母晶体，甚至还可能含有宝石，如祖母绿和碧玺。伟晶岩也是铅、银、锡、钨等金属矿石的重要来源。

找一找

在花岗岩中寻找含有巨型晶体的浅色矿脉。

岩石小词典

矿石：含有用矿物并有开采价值的岩石。

找一找

你可以在长期休眠火山的熔岩管道出露处，或洋壳板块被抬到陆地的位置找到橄榄岩。

橄榄岩

橄榄岩是一种致密的深色岩石，颜色多呈黑绿色，手感很重。这块岩石中的绿色矿物是橄榄石，红色矿物是石榴子石。橄榄岩的晶体颗粒通常很大，因为这些岩石形成于地表 30~200 千米以下的上地幔。

纯橄榄岩

刚出露的新鲜的纯橄榄岩表面呈现出一种引人注目的亮绿色，这种颜色很少见。纯橄榄岩几乎全部由绿色矿物橄榄石组成。然而，当暴露在空气中时，纯橄榄岩会很快变成黄绿色。纯橄榄岩是一种稀有的橄榄岩，是闪闪发亮的金属铬的重要来源。

金伯利岩

金伯利岩是另一种橄榄岩。单纯从其暗淡、深灰绿色的外观来看，你不会想到这种岩石内部隐藏着惊喜。但是，金伯利岩却以含有钻石等大型晶体和嵌在其中的地幔岩石块而闻名。

俄罗斯的米尔内矿场

找一找

金伯利岩是在天然形成的、胡萝卜状的火山通道中被发现的，地球深部的火山岩可通过这些通道上升。

你知道吗？

在金伯利岩中发现的钻石形成于地表之下 140~190 千米处。

花岗岩

坚硬耐用而冷峻的花岗岩会永久保存下去。花岗岩是地球上最常见的侵入岩。

你脚下近四分之三的土地是由花岗岩构成的。环顾四周，你可能会在地表看到许多不同类型的岩石，但如果将视线转向地下，你很可能会发现花岗岩。构成大陆的地壳厚度可达40千米，其主要组成是花岗岩。一些大陆基底或深部的花岗岩是地球初始地壳的残迹。

含有大块石英晶体的红色花岗岩

花岗岩是另一种"盐和胡椒"岩，白色石英和长石的斑点与黑色的黑云母混合分布于岩石中。花岗岩通常呈浅色，有时呈现出一点儿来自正长石的粉色。

找一找

花岗岩经打磨后，相互联结的晶体会让岩石表面显得很漂亮。花岗岩有多种颜色，从黑色到红色绿色都能找到。你会在厨房的工作台、桌面以及银行和酒店的大堂区域发现闪闪发光的花岗岩。

找一找

美国拉什莫尔山巨大的总统头像由坚硬的花岗岩雕刻而成，可以保存超过 700 万年。

由于花岗岩在地下的冷却过程缓慢，其晶体尺寸通常很大。有时，一块大型晶体会在其他大小均匀的晶粒中突出显露出来。这些奇怪的大块晶体被称为斑晶，它们开始形成的时间比其他矿物的更早。

含有大块正长石晶体的粉色花岗岩

你知道吗？

美国拳击手弗洛伊德·梅威瑟曾夸耀自己有一个花岗岩下巴。这并不是说他的下巴斑斑点点，而是说他的下巴坚硬到能让对手碰碎拳头！

火山岩（一）

　　陆地上大约有 1500 座活火山，而海洋中的活火山可能多达 100 万座。火山喷发时，温度高达 1200 摄氏度的熔融岩浆会被倾泻至地表。岩浆迅速冷却，形成细粒的喷出岩，即火山岩。

玄武岩

　　深灰黑色的玄武岩就像阴天一样耐人寻味。这种岩石手感很重，由微小的晶体颗粒组成，人们需要借助放大镜才能看到这些颗粒。玄武岩是世界上最常见的火山岩，尽管外观并不讨喜，却构成了地球上的大部分洋壳。

你知道吗？

　　月球上的黑色斑块是玄武岩熔岩流冷却形成的。

找一找

你可以在北爱尔兰的巨人堤看到柱状玄武岩。鹅卵石和道路砾石经常用这种岩石制成。

安山岩

这种岩石可能取名自南美洲的安第斯山脉，但它像玄武岩一样无处不在！安山岩是一种细粒火山岩，其晶体尺寸小到不借助放大镜就看不见。但是，安山岩中通常也含有较大的颗粒，如斜长石、角闪石或辉石斑晶。安山岩一般为浅色，它构成了世界著名的日本火山富士山的核心。

火星岩石大部分由安山岩构成。

流纹岩

流纹岩是另一种浅色的细粒火成岩。它含有大量的石英和长石，玻璃般的细密基质里常常嵌有较大的晶体。这导致岩石表面形成小而圆的气泡，类似正长岩。流纹岩的手感比较轻。流纹岩岩浆很黏稠，十分危险，会爆炸性地喷发出来，所以流纹岩经常像沉积岩一样呈层状或带状。

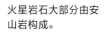

找一找

流纹岩相对少见，但你可能会在活火山（如美国的圣海伦斯火山）的熔岩穹丘周围发现这种浅粉色的岩石。

火山岩（二）

除了自由流动的黏稠熔岩，火山还会产生许多罕见怪异的岩石。以下列举了其中一些岩石。

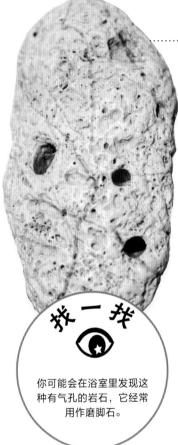

浮岩

炽热黏稠的岩浆剧烈喷发，产生了最奇特的火山岩之一：浮岩。喷出的熔岩就像一瓶被摇晃过的汽水，充满了溶解的气体泡沫。它硬化的速度很快，然而玻璃状的岩石中满是气泡和气孔，就像一块充气巧克力棒。浮岩的颜色通常是白色、奶油色或浅灰色，有时也会呈蓝色、绿棕色或黑色。

你知道吗?

浮岩满是气孔，可以浮在水面上！

找一找

你可能会在浴室里发现这种有气孔的岩石，它经常用作磨脚石。

找一找

目前这种岩石仍用作锋利的手术刀片。圆形的黑曜岩卵石通常被叫作"阿帕契之泪"。

黑曜岩

黑曜岩是一种火山岩，由于冷却的速度太快，它无法形成晶体，而是形成了表面像镜子一样光亮的玻璃质结构。黑曜岩通常是黑玉色的，但如果含有富含铁的矿物赤铁矿，便会呈红色。

凝灰岩

凝灰岩是固结的火山灰。大多数火山都会产生火山灰，火山喷发时的巨大压力会将岩浆粉碎成数万亿个微小碎片，从而形成火山灰。火山灰堆积成厚层，类似沉积岩。这种浅色、质软的石头有时像砂岩一样分层，其内部还可能含有浮岩的碎片。当火山灰足够热从而导致颗粒固结时，就会出现"焊接"在一起的凝灰岩。

找一找

凝灰岩通常出现在古火山遗址附近。可以找一找类似沉积岩一样的层理。著名的智利复活节岛石像就是用凝灰岩等雕刻而成的。

岩石观察小贴士

不要混淆凝灰岩和表生钙华。表生钙华是一种石灰岩，通常含有贝壳和化石。

火山毛

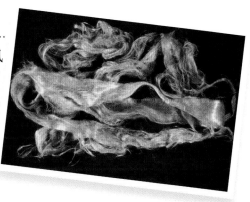

火山喷发的熔融岩浆被风吹卷成长长的发丝状，形成了这种奇怪的岩石。火山毛的英文名 Pele's hair（佩蕾的头发）取自夏威夷火山女神"佩蕾"，其纤细的矿物纤维非常轻，能被一阵狂风吹走。

来自太空的岩石

我们的地球在太空中高速运行时，不断地被太空岩石撞击。其中一些从天而降的陨石是迄今为止人们发现的最古老的岩石。陨石主要有三种类型。

石陨石

几乎所有坠落在地球上的陨石都是石陨石。它们来自某个行星或者小行星，看起来都很像地球上的普通岩石，但有些陨石有一层明显的黑色外壳，这是它们穿过地球的大气层时发生燃烧产生的。几乎每一块石陨石内部都有神秘的圆形颗粒，它诞生于 45 亿年前太阳系各行星形成之前。

2013 年坠落在俄罗斯的车里雅宾斯克陨石的碎片。

找一找

寻找石陨石的最佳地点是南极洲和沙特阿拉伯的沙漠。

你知道吗？

流星和陨石有什么区别？地球经常与尘埃大小的微粒发生碰撞。这些微粒在大气中燃烧时会产生一道光，我们称之为流星。其中大的块体在到达地球表面时不会被完全烧毁，这些掉落到地面的块体被称为陨石，坠落时撞击形成的坑被称为陨石坑。

铁陨石

铁陨石来自消逝已久的行星或大型小行星的星核。在到达地球表面的过程中，铁陨石因受高温作用而形成了奇异特殊的形状。由于这些陨石含有 90%~95% 的铁（其余成分主要为镍），所以比大多数岩石重得多。

你知道吗？

有些坠落在地球上的岩石来自月球或火星。它们极为罕见。在人们发现的 61 000 多块陨石中，只有大约 130 块来自火星。

找一找

你可以去贫瘠的地方寻找铁陨石，这种暗色的陨石在那里看起来比较显眼。你也可以用金属探测器来搜寻铁陨石。

石铁陨石

石铁陨石是三种陨石中最为稀有的，含有大致等量的铁镍金属和硅酸盐。

找一找

在陨石坠落的地方寻找从母体分离的破碎的陨石块体和碎片。

21

沉积岩

沉积岩是再循环的岩石。母岩被侵蚀后产生的岩石颗粒经过地表水搬运后沉积成岩。

地表的岩石遭受着各种破坏，如被暴雨猛烈冲击，被植物的根部撬动，被化学物质侵蚀，以及被岩石裂缝中冻结的水分膨胀得粉碎。侵蚀作用产生的岩石碎屑沿斜坡下滑堆积，或被河流甚至冰川携带入海。

这些由侵蚀作用产生的岩石颗粒称为沉积物，它们让河流变成棕色。舀一杯河水，当沉积物沉降到杯底时，你会看到河水变得清澈。一旦河流的动力不足以搬运沉积物，沉积物就会堆积在河床和河滩上。随着时间推移，旧的沉积物被埋在新的沉积物之下，慢慢被挤压成坚硬的岩石。

地表的岩石被风化。

岩层在沉积过程中层层堆积。

沉积岩的种类

沉积岩分为三种类型：**碎屑岩**，由母岩碎屑组成；**化学岩**，由溶解在水中的物质经化学作用形成；**生物岩**，由动物的碎屑构成。

如何观察沉积岩

 层理

沉积物层层沉积，一种沉积物覆盖在另一种沉积物上。这意味着大部分沉积层都很平坦。沉积岩中出现的这种层理，看起来像一本书的书页。

颗粒

大多数沉积岩都有颗粒。与火成岩中相互联结的晶体不同，沉积岩的颗粒之间结合得并不紧密。沉积岩的颗粒尺寸不一，有类似中砾或粗砾的大颗粒，也有如泥土、粉砂或细沙一般的微小颗粒。

沉积物颗粒在移动的过程中发生撞击、摩擦，其锋利的边缘被侵蚀。因此颗粒变得越来越小、越来越圆。

随着河流动力的下降，沉积物因颗粒尺寸而产生分选。越重的颗粒越先沉积，而越轻的颗粒被搬运得越远。

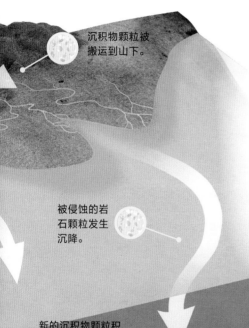

沉积物颗粒被搬运到山下。

被侵蚀的岩石颗粒发生沉降。

新的沉积物颗粒积压在老的岩层上。

你知道吗？

沉积岩几乎覆盖了整个地球表面。然而这只是一层非常薄的岩层，所以沉积岩并不是地壳的主要组成部分。

碎屑岩（一）

沉积岩的颗粒尺寸不一，包含从粉砂和黏土等细颗粒，到中砾和巨砾等粗颗粒。颗粒越大，沉积物离开母岩后被搬运的距离就越短。

沉积岩

泥岩

泥岩由微小的黏土颗粒构成，人们只有借助放大镜才能看到这些颗粒。泥岩沉积在河流中安静、流速慢的地方。在潮滩、海床和湖床上，泥堆积成黏稠的厚层。由于泥岩由最细微的沉积物构成，所以其表面平整、颜色暗淡且易于保存化石。

找一找

在悬崖底部的碎石坡处寻找页岩，一定要小心上方掉落的岩石！某些页岩可能含有化石。

页岩

页岩是一种深灰色至黑色的片状石头。泥岩与页岩关系密切，地球深部的泥岩受到挤压后就会形成页岩。页岩容易分裂成薄片。当这种岩石伸出悬崖，悬崖底部通常会形成一个碎石坡。

你知道吗？

页岩是火星上常见的一种岩石。

砾岩

凹凸不平的碎块状砾岩看起来就像一块凝固的布丁。砾岩由圆形中砾或粗砾固结而成。你是不会认错砾岩的，因为它的颗粒尺寸在所有沉积岩中是最大的。砾岩多形成于卵石滩或风暴海滩上。

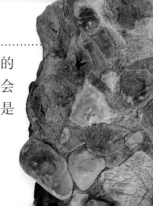

粗砂岩

顾名思义，粗砂岩具有比砂更粗的颗粒。粗砂岩表面粗糙，因其易抓握而倍受登山者青睐。粗砂岩也十分坚硬，曾经被用来碾磨谷物的磨盘以及磨刀石。

找一找

你可以在乡村曾使用磨盘的地方，找到被遗弃的圆形磨盘。

角砾岩

像砾岩一样，角砾岩也含有大块的岩石碎片。然而，这些碎片并不是光滑圆润的，而是有棱角的。这是因为颗粒被搬运的距离短。角砾岩中既有大颗粒，也有小颗粒。它是由冰川留下的或碎石坡形成的沉积物。

岩石观察小贴士

地壳断裂后一侧岩体挤压另一侧岩体，发生相对位移，形成断层。沿着断层面可以找到角砾岩。当坚硬的岩石相互摩擦，中间位置的岩石就会破碎。

辨别沉积物

用一个干净的容器舀一杯河水。然后把容器放在平坦的台面上，等待几分钟，让沉积物发生沉降。你能把沉积物进行分类吗？你可能需要借助放大镜来观察泥和粉砂的颗粒。

泥
小于 0.002
毫米

粉砂
0.002~0.06
毫米

砂
0.06~2 毫米

中砾
2~60 毫米

粗砾
60~200 毫米

巨砾
大于 200
毫米

碎屑岩（二）

　　除了含有石英颗粒的砂质岩石外，碎屑岩还可以由其他矿物构成。下面这组岩石都含有一种坚硬但可溶的矿物颗粒，即碳酸钙。碳酸钙是一种常见的矿物，也是某些海洋生物外壳的主要成分。

沉积岩

杂砂岩

　　杂砂岩有时被称为脏砂岩，是一种由石英颗粒、粉砂和泥混合而成的坚硬岩石。杂砂岩由水下的岩屑崩落形成，是一种浅灰色至深灰色的岩石，且经常布满明亮的白色石英脉。有的杂砂岩含有碳酸钙，而且看起来很像玄武岩。

找一找

许多海滩由浅灰色杂砂岩的圆形卵石组成。

找一找

石灰岩被用来制作水泥和玻璃——没错，你甚至可以在玻璃瓶内找到它！

石灰岩

　　石灰岩通常呈淡黄色，但也可能是从白色到深灰色的任何颜色。其种类多变，但都富含碳酸盐矿物，所以当酸滴在石灰岩上时，岩石会起泡并发出咝咝声。生物灰岩由死去的海洋生物遗留的贝壳构成，通常富含化石。

白垩

白垩是一种由海洋微生物的壳构成的石灰岩。白垩质软，颜色为白色或灰色，颗粒呈粉状，通常含有圆形的燧石结核。尽管每个壳的体积非常小，但数量巨大的壳形成了厚厚的岩层。位于英国南部、法国北部和丹麦北部的一望无际的白色悬崖就是由恐龙时代沉积的白垩构成的。

找一找

你可以在腻子、颜料甚至食物中找到这种岩石。

★ 沉积岩

白云岩

白云岩是一种坚硬致密的岩石，主要由矿物白云石构成。其颜色为白色、浅粉色或灰色，外观具有美丽的光泽。白云石含有碳酸盐矿物，遇酸时会起泡并发出咝咝声。

找一找

意大利北部陡峭的白云石山就是由这种岩石构成的。

砂岩

砂岩是一种会让你联想到沙滩、沙丘、沙漠和夏日的岩石。这种金色的岩石由细小的砂粒构成。

砂岩是地球上最常见的沉积岩之一。它由砂粒大小的石英屑层层沉积形成。砂岩有多种颜色，从绿色到巧克力棕色都有，但是标准的砂岩是暖黄色或棕褐色的。

★
沉积岩

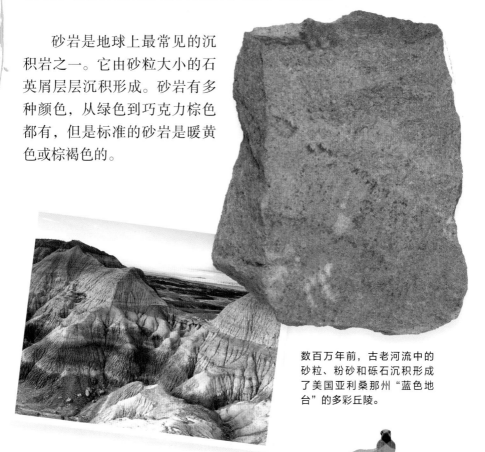

数百万年前，古老河流中的砂粒、粉砂和砾石沉积形成了美国亚利桑那州"蓝色地台"的多彩丘陵。

你如果去过沙滩就会知道，到处都是砂粒！砂粒的颗粒直径在 0.06 毫米到 0.2 毫米之间。由于砂粒的构成物石英超级耐磨，它广泛分布于多种环境。砂粒沉积在河堤、湖床、海岸线和干燥的沙漠中。

砂岩雕像经受住了时间的考验而屹立不倒。这是古埃及法老奥克亨那坦的雕像，已有 3000 多年的历史。

敏锐的岩石小侦探可以通过砂岩颗粒的大小判断沉积物是如何被搬运及沉积的。风成砂极其细小，而沙滩沉积物可能比较粗且混合了粉砂和泥。砂岩可能还含有长石，有时候还含有云母和橄榄石。基质把颗粒固结在一起，并赋予岩石颜色。碳酸钙基质让岩石呈棕褐色或黄色，氧化铁基质让岩石呈棕色，而稀有的锰化合物则赋予岩石一种略带紫色的颜色。

找一找

砂岩由于其颗粒的韧性而很耐磨。然而，它也是相对容易切割和塑形的。棕色、棕褐色和蜂蜜色的砖块状砂岩通常用于建房和铺路，还经常用于制作装饰性雕塑。

在印度，传统的蜂蜜色砂岩被用来建造皇家陵墓。

岩石观察小贴士

运动的砂粒在岩石上创造出了有趣的图案。在裸露的砂岩表面经常能看到水流流动的波痕或穿越沙滩的潮汐通道痕迹。砂粒也不总是沉积在平整的表面。沙漠中沙丘陡坡的岩石露头上呈现出弧形图案，被称为交错层理。

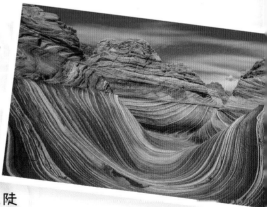

世界著名的北狼丘的"波浪"，位于美国犹他州和亚利桑那州，由砂岩层组成，已沉积了数百万年。

化学岩和生物岩

化学岩是溶解在水中的矿物在化学作用下以固体颗粒的形式沉积而成的。生物岩是由动物等有机体形成的。

沉积岩

表生钙华

表生钙华是一种外观独特的软石灰岩，不要将它与凝灰岩混淆。表生钙华形成于溶解了大量碳酸钙的矿泉泉水中。矿物沉积成奇特的形状，有时甚至形成高出水面10米的塔状。内生钙华是由温泉沉积形成的另一种石灰岩。这两种岩石都是奶油色或棕褐色的。

岩石小词典

沉淀: 从液态溶液中析出固体物质的过程。

找一找

你可以在炎热地区的盐田和低洼湖泊中找到表生钙华。内生钙华常用于制作浴室的瓷砖。

鲕粒灰岩

鲕粒灰岩又称蛋石，是一种由微小的球粒状碳酸钙构成的奇异的石灰岩。直径0.25~2毫米的球粒让岩石表面呈颗粒状，有点儿像粗砂岩。当碳酸钙在流水中沉淀，颗粒不断滚动翻腾，因此形成鲕粒灰岩。含有豌豆大小球粒的石灰岩则被称为豆粒灰岩。

燧石

燧石，又称黑硅石，是一种在白垩和海相灰岩内部形成的球状结核体，质地极其坚硬。结核体外壳粗糙，呈白色，内部为棕色或灰色。燧石由石英晶体构成，晶体颗粒非常小，即使借助放大镜也无法看到。

英国东南部的"熟料"海滩由耐磨的燧石卵石组成。

你知道吗?

燧石破裂后会形成锋利的边缘。石器时代的人们用燧石来制作刀、斧和箭头。

煤

煤是一种褐色的岩石，由植物的遗体形成。煤形成于古老的热带沼泽，主要分为两种类型：一种是软而松散的褐色岩石，即褐煤；另一种是有黑玉色光泽的致密岩石，即无烟煤。人们在被称为煤层的矿层或矿脉中寻找煤，并把煤挖掘出来用作燃料发电等。燃烧煤会释放二氧化碳到大气中，这是全球变暖的原因之一。

变质岩

变质岩是变形的岩石。岩石在地球深部被加热和挤压时会改变性质，形成一种新的岩石。

我们的地球并不像它平时呈现出的那样安静。不可思议的是，在地球内部热能的驱动下，承载着整片大陆的庞大的岩石板块在地表缓慢移动着。这些构造板块持续移动，互相碰撞和挤压。在地下深处，岩石像被困在一个巨大的老虎钳里，在极高的温度和极大的压力下被加热、挤压。在这样的环境条件的作用下，岩石开始发生改变。

变质岩由地下的原岩转变而成。在此过程中，原岩的结构和矿物都发生了变化。挤压和加热迫使不同的矿物结晶。颗粒改变形状，相互联结，并填补了原岩中的缝隙和孔洞。矿物（如石英）迁移后在岩石内部形成矿脉。经过最大程度的变形，原岩被抹除了先前作为沉积岩或火成岩所具有的特征，发生了完全的改变。

没有哪块岩石能逃过变质过程。所有的岩石最终都会改变性质，地球上最古老的岩石都是变质岩。

来自地表岩石的压力

来自岩浆的热量

变质岩正在形成。

岩浆

变质岩的种类

变质岩主要有两种类型：一种呈层状或条带状，称为条带状岩；另一种与之相反，称为非带状岩。大多数变质岩是受到高温和高压的共同作用而形成的。高压往往催生出片理化纹理，而高温则会导致非片理化变质。

如何观察变质岩

非层状

非层状的变质岩没有水平或平行排列的特征，仅能通过岩石所含的矿物来鉴别其种类。

层状

当压力迫使某些矿物沿同一方向排列时，变质岩就会形成层。这造就了如板岩一样平行而平坦的表面，或片岩那样具有较大晶体的、起伏更大的波浪形状。最容易辨认的是条带状，例如片麻岩中交替出现的暗带和亮带。

你知道吗？

地球上最古老的岩石是位于加拿大的阿卡斯塔片麻岩（下图），它已经 40.3 亿年高龄了。

条带状岩

随着地球表面的移动和变形，地壳岩石所受的压力逐渐增加。压力迫使岩石内部的矿物改变方向并重新排列。压力越大，这种改变就越剧烈。矿物缓慢排列成条带状或薄片状，类似一叠纸。

板岩

这种外观暗淡的岩石呈深灰色至黑色，有时带点儿淡紫色。板岩常形成于沉积的页岩或泥岩。在压力作用下，岩石中的矿物重新排列，像一本书的书页一样堆积成层。这意味着板岩能轻易分裂成平整的薄片。板岩中通常含有大量化石。

找一找

找一找有板岩瓦块的屋顶。除此之外，板岩也被用来制作学校的黑板，你还可以在职业斯诺克赛场里平坦的球台上找到板岩。

片岩

这是一种闪闪发光的岩石！仔细观察它，你会发现许多矿物颗粒平行排列，朝同一个方向伸展。片岩也有清晰的条带。云母片岩含有大量薄的、片状的云母矿物，这赋予岩石外表一种类似亮片的光泽。

糜棱岩

糜棱岩看起来像是从牙膏里挤出来的。这种岩石形成于地下深处，那里的高温和高压将岩石变得像面团一样柔软。挤压力将岩石中的矿物压平，这些被压扁的晶体称为碎斑，嵌在细粒条纹状的糜棱岩中。

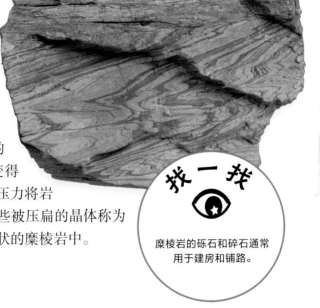

找一找

糜棱岩的砾石和碎石通常用于建房和铺路。

岩石小词典

碎斑：嵌在新形成的、颗粒更细的岩石中的旧的晶体碎片。

片麻岩

在英文中，片麻岩（Gneiss）的发音与"美好的"（nice）的发音相似，其外观也确实非常漂亮！片麻岩是一种异常坚硬的岩石，颗粒很大，呈明暗相间的薄条带状。它形成于山脉深处。浅色的条带通常含有大量石英和长石，而深色的矿物为角闪石和黑云母。

岩石观察小贴士

有时，片麻岩会有奇异的波浪形条纹贯穿其中，看起来就像花岗岩，这形成于岩石被严重破坏以致其中一部分完全熔化之时。这种岩石叫作混合岩。

★ 变质岩

非带状岩

并非所有变质岩都是条带状或片状的。受到高温和高压双重作用的岩石，往往具有颗粒状的纹理。

蛇纹岩

顾名思义，这种绿色的岩石看起来有点儿像蛇皮。其手感柔软油滑，含有大量蛇纹石矿物。在海底深处，炽热的海水被迫穿过地幔岩石，蛇纹岩因此形成。蛇纹岩可能广泛存在于地下，但在地表很难发现它的身影。

找一找

软质的蜡状蛇纹岩经常被制成碗和装饰品。

岩石观察小贴士

蛇纹岩通常含有细缕状矿物纤蛇纹石。纤蛇纹石质量很轻，可以飘浮在空气中，如果被人吸入，会对肺部造成损害。纤蛇纹石可用来制造一种叫作石棉的材料。在人们了解它的危害之前，石棉被用作建筑绝缘材料。

角岩

角岩外观看起来很神秘，呈深色至黑色，纹理精细。通常它分布于火成岩周围，地下炽热的岩浆被挤压到裂缝中，这些裂缝周围的岩石受热硬化形成角岩。

找一找

在建筑中，这种坚硬的岩石常被用作砾石原料。

石英岩

这种异常坚硬的变质岩是由砂岩在地表之下受热硬化而成的。原岩的砂粒重结晶形成相互联结的颗粒，颗粒之间没有缝隙。其形成过程与大理岩的类似，形状不规则的大晶体赋予石英岩一种美丽的诱人外观。

找一找

石英岩为制造砖、铸造金属提供了所需的沙子原料。大块的石英岩有时被用于海岸防护。

斜长角闪岩

斜长角闪岩是一种粗粒变质岩，看起来完全没有条带结构。虽然斜长角闪岩中的石英含量很少，但其外观有点儿像火成岩中的闪长岩或花岗岩。斜长角闪岩主要由角闪石、斜长石等矿物组成。其颜色可以是黑色或深绿色，这取决于岩石所含的矿物类型。

闪电熔岩

闪电熔岩有时被称为化石闪电，是一种节状空心的玻璃状石管。当闪电击中砂粒，极高的温度使砂粒融熔后形成闪电熔岩。

你知道吗？

这种闪电熔岩很少见。迄今为止发现的最长的闪电熔岩有 30 米长，相当于 6 辆公共汽车的长度！

你知道吗？

闪电的核心温度高达不可思议的 5 万摄氏度。这几乎是太阳表面温度的 10 倍，远高于沙子的熔点（1700 摄氏度）。

变质岩

大理岩

　　大理岩（俗称大理石）是一种美丽的变质岩，有很多种颜色。深埋在地壳里的石灰岩在高温和高压的作用下发生变化，形成了这种坚硬而漂亮的岩石。

变质岩

　　石灰岩和白云岩等碳酸盐岩在地下受到高温和高压作用，碳酸钙晶体重新结晶，形成大理岩这种著名的岩石。其矿物颗粒相互联结，产生了众人皆知的美丽纹理。

来自希腊采石场的 Cipollino 大理岩，亦称洋葱石。

　　大理岩的颗粒形状奇特。大理岩抛光后的颜色和平滑度取决于其相互联结的岩石颗粒。光从岩石表面散射，让岩石映现出柔和的微光。最常见的大理岩为灰白色，而杂质让岩石呈现出五颜六色。大理岩有 3000 多种不同类型，其颜色包括绿色、蓝色甚至黑色和金色等。

大理岩主要由白色方解石构成，而蛇纹石等其他矿物赋予大理岩不同的颜色。

许多著名的雕塑家都曾用大理岩进行创作。这尊古希腊雕塑名为《断臂维纳斯》。

找一找

大理岩材质既软又硬，软到可以雕刻，硬到可以抛光并防划。你可能会在奢华建筑物的接待处找到大理岩。另外，一些世界著名的雕像也是用大理岩雕刻的。例如米开朗琪罗的艺术作品就是用洁白无瑕的白色卡拉拉大理岩雕刻而成的。

大理岩比石灰岩材质更硬、颗粒更大。有时，大理岩中会含有化石，但小的化石通常会被清理掉。由于大理岩是一种碳酸盐岩，酸滴在岩石上会起泡并发出咝咝声。这意味着大理岩雕塑和建筑会被弱酸性的雨水缓慢腐蚀。

你知道吗？

土库曼斯坦的首都阿什哈巴德因拥有世界上最多的大理石建筑而闻名，被称为"白色大理石之城"。其 543 座新建筑的白色大理石衬板总面积达 450 万平方米！

意大利卡拉拉的采石场产出了一些世界上最著名的大理石。

变质岩

矿物

岩石由数百万个微小颗粒组成。这些天然形成的颗粒被称为矿物。大多数矿物都很小，但有时，它们能大到出人意料。

什么是矿物？

如果你用放大镜观察大多数岩石，会看到岩石表面有许多闪烁着的微小晶体。虽然晶体是天然生长的，但它们并非生物。晶体是由液态自然凝结硬化而成的，外形整齐规则。每种不同的矿物都有不同的形状、颜色和化学成分。

你知道吗？

世界上最大的矿物位于墨西哥的奈卡水晶洞。巨大的石膏晶体长达 10 米，比一辆公共汽车还长！

岩石观察小贴士

从地面上捡起一个固体并仔细观察。如何确定它是不是一种矿物呢？

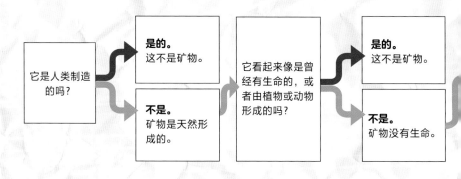

它是人类制造的吗？

是的。
这不是矿物。

不是。
矿物是天然形成的。

它看起来像是曾经有生命的，或者由植物或动物形成的吗？

是的。
这不是矿物。

不是。
矿物没有生命。

有时你需要借助显微镜才能看到矿物中的晶体，所以如果你不确定的话，可以利用本书中的图来帮助你识别矿物。

你知道吗?

地球上有 4000 多种矿物，但只有大约 100 种是地表常见的矿物。

莫氏硬度

一旦你发现了一种矿物，鉴定其种类的方法之一就是测试它的硬度。每一种矿物在莫氏硬度表中都位于 1 到 10 之间，1 是最软的，10 是最硬的。由于较硬固体会在较软固体的表面留下划痕，因此可以通过测试矿物与某种你知道的材料之间的硬度关系，来判断矿物在莫氏硬度表中的位置。

它有晶体吗？

有。
它是一种矿物！矿物是天然形成的固体，含有多种明确的化学成分。基于这些化学成分和原子排列，矿物晶体就形成了。

没有。
再用放大镜检查一下，因为晶体可能不会被轻易发现。

矿物及其他

滑石	1
指甲	2
方解石	3
铜币	3
萤石	4
钢钉	4
玻璃	5.5
石英	7
刚玉	9
金刚石	10

自然矿物

自然界中，自然矿物以单质形式存在，不与其他物质结合。其性质稳定，不易发生化学反应。自然矿物包括一些贵金属和宝贵的非金属。

银

银是在地壳中被发现的，开采历史悠久。传说这种苍白闪亮的贵重金属可以杀死狼人。自然银最奇异的形态之一被称作树枝状银，看起来像手指和扭曲的金属丝揉成了一团。

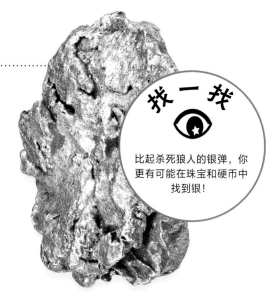

找一找

比起杀死狼人的银弹，你更有可能在珠宝和硬币中找到银！

找一找

在你家里找一找铜质水管。

铜

这种重要的金属可以以单质形式存在，但矿石矿物中含有更多的铜，如黄铜矿和赤铜矿。当铜以单质形式存在时，这种红棕色的金属通常会形成巨大的晶体。迄今为止发现的最大的铜晶体重达 420 吨！

你知道吗？

如果硬币的原材料比其面值更有价值，那么钱就没有用了。因此，你不会在现代硬币中发现很多铜。自 1992 年以来，英国的便士硬币就一直用镀铜的钢制成。

金刚石

闪闪发亮的外观让这种昂贵的宝石很难被错认。金刚石是一种矿物。金刚石形成于地下深处，是一种纯碳晶体。它是自然界中最坚硬的物质，镶有金刚石的钻头可以直接钻穿地壳岩石。

你知道吗？

有些金刚石已经存在了10亿年之久。

石墨

和金刚石一样，石墨也是由纯碳构成的，但它们的区别很明显。石墨是地球上最软的矿物之一，颜色呈暗黑色或灰色，而不像金刚石那样清澈、闪亮。其形状大多是不成形的块状，摸起来柔软油腻。石墨的硬度非常低，甚至会在纸上留下划痕。

找一找

在铅笔芯里找一找混合了黏土的石墨。

硫

光亮的、淡黄色的硫是最容易被发现的矿物之一。这种看上去像黄油的晶体主要形成于释放着难闻气体的火山通道或温泉边缘。

金

这种自然矿物是真正的优胜者，有着不同寻常的颜色和永不褪色的光泽，是地球上最珍贵的金属之一。

金看起来很漂亮，而且极其稀有，因此价值很高，同时需求量大。金不会生锈，不会被氧化而失去光泽或被腐蚀。确切地说，它的化学性质非常稳定，几乎总是以一种纯金属的状态存在，而且永远保持着柔和的黄色光泽。古埃及法老图坦卡蒙死后所戴的金面具一直闪耀了 3000 多年。

你知道吗？

地球上 99% 的金被永远埋藏在地核中。

找一找

金被用于制作珠宝、硬币和奖章。你可以在智能手机等电子设备中发现金，其导电能力让它非常有利用价值。

你知道吗？

一吨智能手机所含的金的总量比一吨金矿还要多。

在宇航员的头盔面罩上可以找到金。

虽然有些幸运儿能找到纯的天然金块，但大多数金是以矿石中的金片或金粒等形式存在的。金很重，因此当包含金的岩石被侵蚀时，金就会沉淀在河流的淤泥中。这就是为什么沙洲和河床是寻找金的最佳地点。微小的金片可以通过"淘金"从泥水中分离出来，"淘金"就是用筛子过滤河流中的淤泥，只留下金片。

你知道吗?

迄今为止发现的最大的天然金块含有 71 千克纯金。它被取名为"欢迎陌生人"。

矿物

岩石小词典

天然金块：一种尺寸通常很小的高纯度金块。

硫化物矿物（一）

这组矿物由硫和一种或多种金属元素结合而成。因此，硫化物矿物成为人们开采金属的重要来源。大多数硫化物矿物比较软，通常呈暗淡的深色，手感非常重。

方铅矿

方铅矿特征明显，其晶体多为边缘清晰的黑色八面体，外观呈现出金属光泽。方铅矿是铅的主要矿石来源，通常与其他硫化物矿物共生于火成岩和变质岩（如大理岩）的矿脉中。这种矿物含有极其丰富的铅，其占比高达 86.6%。

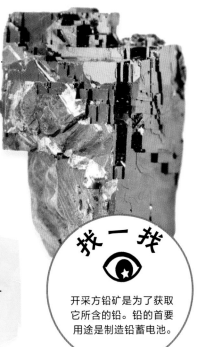

你知道吗？

迄今为止发现的最大的方铅矿晶体位于英国马恩岛的大拉克西矿，是一个棱长为 25 厘米的立方体。

找一找

开采方铅矿是为了获取它所含的铅。铅的首要用途是制造铅蓄电池。

黄铜矿

黄铜矿极具商业价值，它与黄铁矿共生于火成岩的矿脉中。这种矿物由铜、铁和硫组成，因此人们大量开采黄铜矿以提取有用的金属。含有黄铜矿的岩石通常是深色的，但黄铜矿本身是一种暗淡的铜黄色。黄铜矿通常以块状形式存在，其单个晶体由于尺寸太小而难以观察。

岩石观察小贴士

黄铜矿是黄色的，但如果在粗糙的物体表面摩擦这种矿物，磨出的粉末是黑绿色的。

闪锌矿

闪锌矿亦称黑杰克，因为其外观看起来很像方铅矿，很容易骗过矿工的眼睛。闪锌矿是最常见的金属锌矿石。像许多其他硫化物矿物一样，它经常和其他矿物共生，如黄铁矿和黄铜矿。

辉锑矿

辉锑矿是锑这种软金属的主要矿石。辉锑矿的晶体形状像长而锋利的针，呈现出钢铁般黑暗的光泽，绝对令人震惊。辉锑矿常与黄铁矿、方铅矿、雌黄、雄黄、辰砂等硫化物矿物共生在花岗岩的矿脉中。

找一找

你可以在安全火柴盒的侧面找到辉锑矿。作为闪光粉的一种成分，辉锑矿也被用在舞台上制造焰火。

矿物

硫化物矿物（二）

并不是所有的硫化物矿物都是深色且有光泽的。少数硫化物矿物颜色鲜艳，有些还有玻璃般透明的晶体。然而，这些矿物质软易碎，因而并不能制成品相好的宝石。

黄铁矿

这种矿物因一眼看去像黄金而闻名。然而它并不贵重，只含有铁和硫，因此被称为愚人金。愚人金呈边缘笔直的正方体，具有明亮的类似铜的颜色。它是地壳中最常见的硫化物矿物。

找一找

你可以在沉积岩、火成岩和变质岩的石英脉中轻易找到黄铁矿。在地下深处，黄铁矿有时会取代骨骼化石和贝壳化石中的矿物。你可能会注意到这些化石闪耀着美丽而自然的金光。

岩石观察小贴士

不要被黄铁矿误导，你要学会分辨自然金和愚人金。这非常简单，黄铁矿呈边缘笔直的立方体，而自然金则不是这样。黄铁矿还很硬，需要用钢钉刻划才能留下划痕，而自然金较软。奇怪的是，如果把黄铁矿磨成粉末，它闻起来会有股鱼腥味！如果你用它在粗糙的表面上摩擦，会留下脏脏的黑绿色条痕，而非它外表看上去的金黄色。

矿物

找一找

你可以在火山和温泉周围找到雄黄。

雄黄

这种"高贵"的红色矿物亦称红宝石硫，质地较软，具有油脂光泽。它通常与雌黄共生形成微小的晶体块。这对"烈火"似的共生矿物都含有有毒物质砷。

找一找

雌黄在火山通道和温泉周围形成一层粉状硬壳。

雌黄

这种矿物与雄黄相关，它的金橘色暗示我们"不要碰"！虽然雌黄含有有毒物质砷，艺术家们却曾用它来制作一种被称为国王之黄的绘画颜料。

辰砂

辰砂为鲜红色的矿物，是液态金属汞（即水银）的主要矿石。含有辰砂的岩石有时会"流汗"，淌出一颗在岩石表面微微发亮的水银珠。

找一找

这种矿物与辉锑矿、黄铁矿共生，在火山岩的矿脉中以粒状块体存在。极少数情况下，辰砂会形成明亮的深红色晶体。

你知道吗?

凯旋的古罗马将军们会将全身涂满辰砂，在皇帝面前游行。

矿物

氧化物矿物（一）

氧化物矿物由氧和各种金属结合形成，外观精美。它们与硫化物矿物一样，也是重要的金属矿石。

找一找

磁铁矿经常出现在黑沙海滩上。

磁铁矿

磁铁矿是所有矿物中磁性最强的。有太多磁铁矿的环境会让指南针失灵！许多鸟类的喙上含有小型磁铁矿晶体，因此它们可以利用地球磁场导航。磁铁矿与赤铁矿都是重要的铁矿石。磁铁矿的晶体多为八面体，颜色是略带褐色的暗色，有金属光泽。

你知道吗？

石鳖是一种软体动物，舌头上长有微小的磁铁矿"牙齿"，可以刮取岩石上的藻类作为食物。

赤铁矿

赤铁矿的铁含量有时超过70%，是世界上最重要的矿物之一。由于铁强度大、易获取且生产成本低，因此成为首选的工程材料。赤铁矿晶体有许多不同的形状，其中最常见的两种是有闪亮金属光泽的黑色六面体和光滑的淡红色豆状块体。摩擦赤铁矿时会留下血红色的条痕。

你知道吗？

赤铁矿的英文名 haematite 来源于希腊文 haimatos，意思是血液。

矿物

铬铁矿

铬铁矿的外观可能并不引人注目，但作为带有光泽的金属铬的唯一矿石来源，它是一种非常重要的矿物。铬铁矿的颜色是暗灰色，通常呈块状，表面略带金属光泽。

你可以在经过高温高压作用而发生了巨大变化的变质岩中找到铬铁矿。铬铁矿可能与蛇纹石等矿物共生。

蛇纹岩中的铬铁矿

岩石观察小贴士

你找到的是铬铁矿吗？如果在粗糙的表面上用力摩擦铬铁矿，划痕会呈现出特有的棕色。

晶质铀矿

找一找黑色至钢黑色并带点儿棕色的石块。晶质铀矿通常是圆块状的，看起来像一串葡萄。含有这种矿物的岩石手感异常的重。

这种矿物具有不透明的钢黑色至棕黑色晶体，呈金属或油脂光泽。晶质铀矿富含铀，所以手感很重。铀是一种被用作核电站燃料的放射性金属。

矿物

氧化物矿物（二）

氧化物矿物不仅是金属的重要来源，很多还能制造出极好的华丽宝石。

赤铜矿

深红色的赤铜矿晶体通常被称为红宝石铜，是最稀有、最珍贵的宝石之一。大多数赤铜矿晶体的尺寸都小到难以观察，但有些晶体可以形成表面平整的立方体或八面体。赤铜矿是金属铜的主要矿石来源，经常与自然铜、孔雀石和蓝铜矿共生。

金红石

金红石具有闪闪发光的细针状晶体，颜色呈红色或红棕色，经常被石英等其他矿物包裹。金红石非常重要，因为它是金属钛的主要矿石来源。金红石也形成于某些特定的片岩和片麻岩中。

含有金红石的石英

找一找

可以在伟晶岩矿脉中寻找这种金属矿物。

岩石小词典

八面体： 一种由八个平面组成的晶体形状。

尖晶石

　　尖晶石具有独特的八面体晶形，即经典的宝石形状，但有时也会呈扁平的三角形。尖晶石因其华丽的血红色而经常被误认为红宝石。事实上，尖晶石通常也与真正的红宝石共生，但其颜色多变，还可能呈粉色、蓝色、紫色、绿色、棕色、黑色或透明色。尖晶石质地坚硬，不易产生划痕，是一种完美的宝石材料。

找一找

尖晶石常见于橄榄岩中。

你知道吗？

　　许多著名的"红宝石"，如英国王室王冠上鸡蛋大小的黑王子红宝石，实际上是尖晶石。

锡石

　　锡石是仅有的几种含锡矿物之一。这种矿物含有致密金属，所以手感很重。它主要以微小的晶体团或光滑的豆状形式存在，也可以形成令人惊叹的表面平整的金字塔形。纯锡石是无色的，但铁杂质常常使其呈棕黑色。

找一找

在花岗岩的矿脉中寻找锡石，你会发现它与石英、金红石和黑钨矿共生在一起。

氢氧化物矿物

当地表的水和天气导致岩石中的矿物组成发生变化时，就会形成许多氢氧化物矿物。这些矿物被称为次生矿物，因为它们形成于原生矿物之后。

针铁矿

当黄铁矿和磁铁矿等含铁矿物受到风化作用而发生改变时，就形成了这种带有微小晶体的黑色矿物。针铁矿有时被称为"铁帽"，因为它像帽子一样位于铁矿顶部。针铁矿是一种很常见的矿物，通常呈棕色或暗黑色。

岩石观察小贴士

针铁矿是一种普通的矿物，但有些针铁矿晶体被非常光滑的水晶包裹在内，看起来像天鹅绒靠垫，十分罕见。

水锰矿

水锰矿是金属锰的重要矿石来源，呈深灰色至黑色。水锰矿晶体的外观相当独特，块状表面上有许多条纹或纵纹。

铝土矿

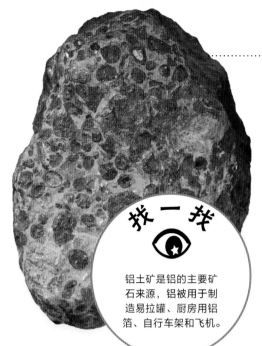

铝土矿是金属铝的主要矿石来源，外观奇特，看起来像凝固的米布丁。铝土矿被归为矿物，但实际上它是一种软而易碎的多矿物混合物。豌豆大小的铝土矿块体里含有各种氢氧化铝矿物、黏土、石英和氧化铁。

找一找

铝土矿是铝的主要矿石来源，铝被用于制造易拉罐、厨房用铝箔、自行车架和飞机。

找一找

水镁石是氧化镁的矿石来源，作为药物可以用来缓解胃部不适。水镁石具有极强的耐热性，所以还被用于制作建筑的防火材料。你可以在石膏板里找到水镁石。

水镁石

水镁石主要存在于片岩中，是一种白色、淡绿色或灰蓝色的矿物。其晶体通常呈平板状、细纤维状或微小的块状。水镁石与方解石、文石和滑石共生，是一种可以被指甲刻划的软矿物。它也是金属镁的主要矿石来源。

你知道吗？

水镁石熔点很高，因此被用于制作窑炉的内衬材料。这些窑炉被用来在高温下烧制陶器。

矿物

卤化物矿物

这些颜色鲜艳的矿物是金属与一种卤族元素（氟、氯、溴、碘）的组合。卤化物矿物都是盐，所以会溶解在水中，当水干涸时，它们就会作为沉淀物析出。

岩盐

岩盐是一块可以吃的石头，又称石盐，是一种氯化钠的沉淀物，我们通常称它为食盐。几千年来，人们一直用食盐来调味。食盐还可以吸收食物中的水分，这样食物可以保存更长时间而不易变质。你可以在薯条上撒食盐，但是吃太多食盐可能会导致健康问题。岩盐通常是白色或无色的，有时还可能呈橙色、蓝色甚至紫色。

找一找

你可以在巨大的地下"盐丘"中寻找岩盐，或者在厨房盐罐中找一找。

岩石观察小贴士

食盐晶体通常呈小型立方体，但如果条件允许，它们有时会缓慢形成大型的"漏斗晶体"。这些漏斗看起来像边缘呈台阶状的方形杯子。

光卤石

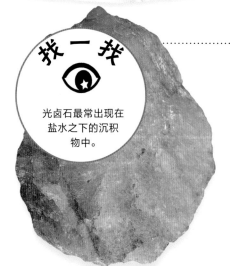

找一找

光卤石最常出现在盐水之下的沉积物中。

光卤石形成于高温地区只有少量水流入的湖泊或内海。当炽热的太阳光照射湖泊时，部分湖水蒸发，盐在剩余的湖水中析出，形成固态晶体，沉降至湖底。光卤石常与钾盐和岩盐混合共生。光卤石质软，有油脂光泽，颜色为无色或白色，也可呈蓝色、黄色或红色。

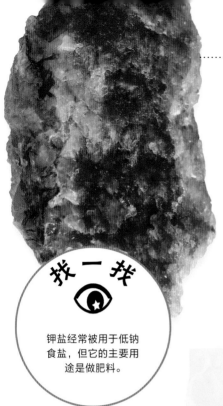

钾盐

钾盐是除岩盐以外的另一种咸味矿物。它与岩盐几乎完全相同，但钾盐的成分并不是氯化钠，而是氯化钾。钾盐主要呈立方体或粗块状，质软易碎，颜色为无色或白色，但在其晶体中经常能看到蓝色、黄色或红色的阴影。

找一找

钾盐经常被用于低钠食盐，但它的主要用途是做肥料。

你知道吗？

钾盐最初发现于意大利著名的维苏威火山。

萤石

萤石是全世界最绚烂的矿物。其颜色像一道彩虹，包含紫色、绿色、黄色以及介于这之间的所有颜色。你经常能在同一块晶体中观察到不同颜色！萤石形成于花岗岩的矿脉中，通常与铅和银的矿石矿物共生。萤石具有八面体或立方体晶形，虽然它颜色漂亮，但质地太软，不适合作为珠宝佩戴。

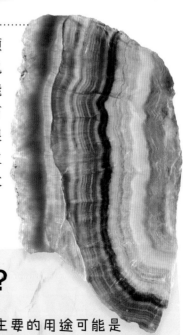

你知道吗？

萤石有许多工业用途，但最主要的用途可能是炼钢。它能降低铁矿石中杂质的熔点，使其流动性增强而更容易被清除。

矿物

碳酸盐矿物和硼酸盐矿物

碳酸盐矿物属于软矿物，有一系列神奇的颜色，由金属和碳原子、氧原子结合而成，可以溶解在弱酸中。

孔雀石

这种光滑的翠绿色矿物自古以来就是重要的铜矿石。孔雀石的单晶体很罕见，如果形成晶体，则会呈微小成簇的石屑状。孔雀石通常是不透明的，呈层状，切割后会呈现出好看的熠熠发光的绿环。

找一找

漂亮的条带状孔雀石常用于制作珠宝和抛光珠饰。

你知道吗？

孔雀石的英文 malachite 来源于制作棉花软糖的原料——锦葵 (mallow)。

菱锰矿

这种美丽的粉色矿物有时被称为印加玫瑰，它是一种金属锰的碳酸盐。菱锰矿形成于变质岩和沉积岩的裂缝中。

找一找

菱锰矿常与含银矿物共生。

菱锌矿

与孔雀石、菱锰矿一样，菱锌矿通常罕有可见晶体，一般呈葡萄状存在。其颜色众多，从灰白色和黄色到苹果绿、蓝色、粉色和紫色皆有。

硼砂

硼砂粉是一种家庭清洁用品，可以用来制作一种很有弹性的史莱姆起泡胶。它形成于干旱地区盐湖的干涸沉积物中。硼砂非常干燥，经常呈发亮质软的白色粉末状。

找一找

你的家里可能有硼砂粉。它可以制成洗衣皂和杀菌泡脚液。

矿物

方解石

方解石是一种透明的软矿物，外观像一块冰。这种常见的碳酸盐矿物以晶形丰富而闻名。

方解石是一种最常见的天然形成的碳酸钙矿物，而碳酸钙是许多岩石的重要组成部分。方解石这种软矿物通常呈白色，主要由扁平的长方形晶体组成。然而，方解石的独特之处在于它能形成大量不同的晶形。到目前为止，矿物猎人已经发现了 800 多种不同形状的方解石晶体。

犬牙石

冰洲石

方解石能形成光线可以透过的大型半透明晶体。这些晶体有时被称为亮晶。冰洲石就是一种亮晶，它看起来像一块冰，是一种如水晶般清澈透明的方解石。其他形状有趣的亮晶包括形似扁平块状钉帽覆盖在六角形钉脚上的钉头石和锯齿状的犬牙石。

方解石是所有碳酸盐岩的重要组成部分。它存在于沉积岩和变质岩中，如石灰岩、白垩和大理岩等。天然的酸性雨水能溶解碳酸盐岩，侵蚀岩体，从而造就巨大的地下洞穴、令人眩晕的悬崖和一些地球上最引人瞩目的自然景观。

澳大利亚巴肯洞穴中的水池边缘就是方解石。

岩石观察小贴士

透明的方解石晶体会将光线分成两束，两束光线穿透晶体的方向和路径不同。其中一个方向的传播速度比另一个方向的慢，所以两束光线到达我们眼睛的时间略有不同。如果你把一块方解石放在书页上，就会看到不可思议的重影。

你知道吗？

关掉灯，快速敲击一块方解石，你可能会看见一道明亮的蓝色闪光。这种现象被称为摩擦发光。

找一找

碳酸钙溶于酸时会释放出二氧化碳气体。可以将弱酸滴在矿物表面来测试其中是否含有方解石。若含有，其接触面会起泡并咝咝作响。

你知道吗？

透明方解石的双折射效应能"让光弯曲"，这让方解石成为一些科学家眼中"隐形斗篷"的理想材料！

矿物

硫酸盐矿物

　　这是一类浅色的软矿物，由硫酸盐组成。硫酸盐由一个硫原子和四个氧原子相连接并与不同金属结合而形成。硫酸盐矿物种类超过 200 种，但广泛分布的只有三种，即石膏、重晶石和硬石膏。

石膏

　　石膏是一种常见矿物，形成于厚厚的粒状矿层中。石膏很软，呈棕褐色、灰色或无色。碎石膏用于制造肥料、灰泥和水泥。

找一找

美国新墨西哥州的沙漠由亮白色的石膏颗粒组成。由于石膏可溶于水，因此这种沙漠十分罕见，而且那里的气候一定非常干燥。

岩石观察小贴士

　　像许多其他硫酸盐矿物一样，石膏经常形成于盐度很高的咸水中。石膏晶体天然形成于水中，然后沉降至水底，堆积成厚厚的沉积物。

重晶石

　　重晶石即"很重的晶石"，是致密金属钡的主要矿石来源。它形成于温泉中，通常与含铅和银的石灰岩中的矿物以及赤铁矿共生。重晶石颜色多变，有无色、白色、淡蓝色、黄色和棕色。

雪花石膏

雪花石膏是一种纯白色的石膏，属于质软的细粒矿物，但它看起来更像岩石。雪花石膏因硬度低而非常适合用来雕刻雕像和装饰品。

找一找

这种雪白的矿物有一个容易让人产生错觉的特点：它的内部看起来能透光。因此，雪花石膏经常被用作欧洲教堂的窗户材料。

硬石膏

这种矿物和石膏非常相似，二者通常与岩盐共生于数百米厚的地层中。硬石膏通常是由无色或淡色的微小晶体组成的坚硬的块体。单个的大型晶体十分罕见。

找一找

天青石中含有化学性质活泼的金属锶，天青石粉可用于制作鲜红色的烟花。

天青石

天青石的外观呈现一种漂亮的蓝色，看起来很像重晶石，但并没有那么重，也比重晶石罕见得多。

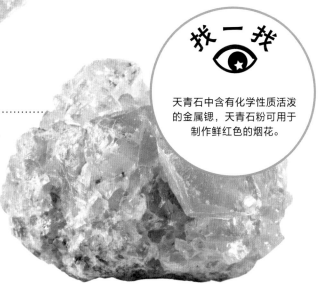

磷酸盐矿物和钒酸盐矿物

磷酸盐矿物含有磷和氧相结合产生的化学物质磷酸盐。磷对生物来说很重要，每年有超过 20 万吨的磷酸盐矿物被碾碎制成农作物肥料。

磷灰石

磷灰石是最常见的磷酸盐矿物。它亦称磷酸钙，是大多数火成岩、沉积岩和变质岩的重要组成部分。大型的磷灰石晶体并不常见，其晶体通常为微小的深色晶片。磷灰石被用来制作肥料，可以为土壤补充植物生长过程中消耗的矿物。

找一找

你也可以在自己的身体内找到磷灰石。它是一种坚硬的矿物，构成了人体的牙釉质和骨骼。

你知道吗？

磷灰石分为三种不同的类型，分别是氟磷灰石、氯磷灰石和羟磷灰石。如果不借助特殊设备，我们很难区分这三种矿物。

钒钾铀矿

这种放射性矿物的颜色看起来很醒目又有点儿恶心，感觉它能把你变成漫画里的超级英雄。黄绿色的钒钾铀矿硬度小，通常呈干燥的粉末块状，含铀量高，常见于砂岩的外壳中。

钒铅矿

含有金属钒的矿物具有各种鲜艳的颜色。钒铅矿的柱状或毛发状晶体呈黄色、橙色、红色或棕色。

找一找

钒铅矿是钒的主要来源，钒与钢混合可制成超级坚硬的工具。

磷铝石

作为一种稀有的磷酸铝矿物，磷铝石具有密密麻麻的微小晶体团。

找一找

含有这种漂亮的深蓝绿色矿物的岩石经常被切割、打磨成珠宝。

岩石观察小贴士

磷铝石的外观有点儿像另一种磷酸盐矿物，即属于"半宝石"的绿松石。磷铝石经常和绿松石共生，更让人难以区别，但磷铝石的颜色通常更绿。

岩石小词典

半宝石： 除钻石、红宝石、祖母绿和蓝宝石以外的宝石。半宝石不如以上4种宝石贵重，因为半宝石更为常见、光泽度更低且硬度更小。

★
矿
物

硅酸盐矿物（一）

硅酸盐矿物是地球上最常见的矿物类型。它们由硅、氧以及其他化学元素组合而成，有 1000 多种不同的种类，占地壳中所有矿物的 90%。

长石

长石是地球的岩石地壳中含量最为丰富的矿物。长石有两种主要类型：一种为含钾和钠的碱性长石，如正长石；另一种为含钠和钙的斜长石。长石存在于大多数火成岩和变质岩中，几乎没有不含长石矿物的火成岩。在沉积岩中，长石经常被分解而后形成黏土矿物。长石比玻璃硬，其晶体倾向于呈矩形块状。

找一找

粉色至白色的正长石晶体使花岗岩呈现出粉色。斜长石晶体则通常是白色或灰色的。

你知道吗？

长石矿物总共约占地壳的三分之二。

岩石观察小贴士

斜长岩几乎全部由长石构成。这种岩石形成了月球上的浅色山脉。

滑石

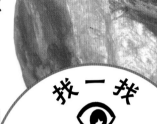

滑石是世界上最软的矿物。它看起来像蜡，有多种颜色，但主要呈带有绿色条纹的白色。滑石与蛇纹石共生于变质岩中，其手感像油脂，可以很轻易地用指甲刻出划痕。

你知道吗？

滑石有时会被错认为皂石。皂石是一种硬度小且易于雕刻的岩石，经常被制成盘子和装饰品。

找一找

碾碎的滑石可以制成柔软蓬松的滑石粉，用来干燥脚部，给人芳香的感觉，还可以舒缓婴儿的臀部。少量的滑石粉可以防止口香糖粘在包装纸上。另外，滑石粉还可用于给油漆增稠。

云母

云母是一类可以分解成薄而弯曲的片状的矿物。因此岩石中的云母很容易辨认。最常见的两种云母是白云母和黑云母，它们存在于许多不同类型的岩石中，如花岗岩、伟晶岩、片岩和片麻岩。

★ 矿物

岩石观察小贴士

由于云母硬度低，可以被钢铁刻出划痕，因此，你可以用缝纫针来区分云母和其他外观相似的矿物。用针尖把这些云母薄片分开吧。

石英

细小的石英颗粒是沙子中最常见的物质。这种耐磨的硅酸盐矿物由硅和氧结合形成，是地球上分布最为广泛的物质之一。

石英就像由它构成的砂粒一样，遍布各地！几乎所有的火成岩中都有石英的身影，特别是那些含有大量硅的火成岩，如花岗岩、伟晶岩和流纹岩。砂岩就是一种几乎完全由石英颗粒组成的岩石。石英非常坚硬，因此能抵抗风雨等天气的侵蚀而不发生改变，存在很长时间。当原岩受到侵蚀时，其中所含的石英颗粒就会掉落。这些矿物颗粒被水搬运后，沉积在河流沙洲、湖床、海滩和海底。

乳石英

石英岩是一种由砂粒组成的变质岩，这些砂粒在地下深部的高温高压作用下发生了改变。纯石英是无色的，但杂质常常赋予它一些颜色。最普遍的石英是乳白色的，通常带有深色斑点，还有其他矿物的矿脉贯穿其中。石英一般不透明，但也有些例外。烟晶石英呈透明的灰色，常含有包裹体。紫水晶是一种引人注目的紫色石英，用于制作珠宝。

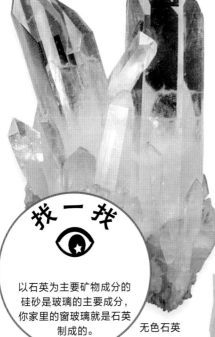

找一找

以石英为主要矿物成分的硅砂是玻璃的主要成分，你家里的窗玻璃就是石英制成的。

无色石英

★
矿
物

岩石小词典

包裹体： 晶体形成时被包裹在晶体内的物质。

你知道吗？

砂粒的年代久远，甚至可能已存在数十亿年之久。

紫水晶

岩石观察小贴士

许多晶体断裂时会沿着脆弱面延伸，因此断裂面较为平整。然而，石英没有脆弱面，这意味着它的断裂面并不均匀，会留下粗糙的断裂边缘和各种各样的断裂图案。

变质岩中的石英脉

红玉髓石英中的贝壳状断裂面

你知道吗？

石英约占地壳体积的12%。

硅酸盐矿物（二）

硅酸盐矿物中，四个氧原子环绕硅原子组成金字塔状的四面体。这些单个硅氧四面体连接成长链的方式多种多样，因此硅酸盐矿物有很多不同的种类。

玉

美丽的玉是一种半宝石，自古以来就受到青睐。东南亚和中国颇为崇尚玉文化，制造出了令世人惊叹的玉器饰品。事实上，我们平时所称的玉包括两种不同类型的硅酸盐矿物，即硬玉和软玉。它们都是晶体微小的乳白色或绿色石头。

你知道吗？

在古代中国，玉被称为"上天之石"，人们认为玉可以辟邪。

电气石

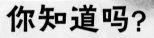

明亮的彩虹色让电气石成为最美丽的矿物之一。玻璃状的电气石颜色多样，包括黑色、绿色、棕色、红色、蓝色、黄色和粉色。部分晶体里甚至有两到三种颜色。其中最熠熠夺目的电气石看起来像一个西瓜，内部呈红色而外壳呈绿色。其晶形为细针状或粗柱状。电气石存在于花岗岩、片岩和片麻岩中。

找一找

巴西是著名的电气石产地。世界上最大的电气石晶体来自巴西的帕拉伊巴州。

岩石观察小贴士

电气石有 11 种令人炫目的种类。其中一些如下所示：

铬电气石　　黄电气石　　锂电气石

蓝电气石　　红电气石　　黑电气石

普通辉石

普通辉石是玄武岩和其他深色火成岩（如辉长岩）中最常见的矿物之一。粗短的暗褐色普通辉石晶体的横截面通常为等边的八边形或假正方形。

找一找

普通辉石和普通角闪石很容易区分。普通辉石晶体的边缘夹角呈直角，而普通角闪石晶体的边缘呈 120° 和 60°。

普通角闪石

普通角闪石也是一种深色矿物，其晶体小而粗短，末端通常呈断裂状。因此，褐绿色至黑色的普通角闪石常被误认为黑云母。普通角闪石是许多火成岩和变质岩，尤其是角闪岩的重要组成部分。

矿物

硅酸盐矿物（三）

硅酸盐矿物的两个相关亚类是岛状硅酸盐矿物和群状硅酸盐矿物。岛状硅酸盐矿物坚硬耐磨，多为宝石和半宝石。群状硅酸盐矿物比其他大多数硅酸盐矿物更为罕见。

绿帘石

外观别致的绿帘石看起来有点儿像超人漫画书里的氪星石。这种耀眼的绿色矿物常见于变质岩中，如大理岩和片岩。绿帘石是一种次生矿物，由岩石中的原始矿物在高温和高压的作用下变质而成。其晶体有时带有几种不同颜色的斑点，侧面有深凹痕。质量好的透明绿帘石被人们切割并制成珠宝。

找一找

绿帘花岗岩是一种由绿色的绿帘石和红色的碧玉混合而成的岩石。其经过抛光的圆形石头通常被作为珠宝或装饰。

你知道吗？

绿帘石晶体的特点之一是，从不同角度看，它呈现出的颜色不一样。

黄玉

这种宝石形成于火成岩中，通常呈无色或灰色，有时也呈淡粉色、黄色或浅蓝色。其晶体尺寸通常非常大，伟晶岩中的黄玉晶体可重达数百千克。

锆石

锆石坚硬耐磨。这种硬矿物的晶体呈小八面体，颜色通常为金棕色至橙色，你可能需要借助放大镜才能看到。锆石常见于火成岩中。蓝色、绿色和琥珀色的大锆石是珍贵的宝石。

找一找

橄榄石很容易被风化，因此你会发现它的外露面看起来是棕色的，且十分易碎。

你知道吗？

澳大利亚杰克山的超硬锆石是地球上现存最古老的矿物，已历经约 44 亿年之久。

橄榄石

橄榄石是一种非常常见的矿物，大概率存在于深色火成岩中，如橄榄岩和玄武岩。玻璃般的亮绿色橄榄石宝石称为贵橄榄石。

石榴子石

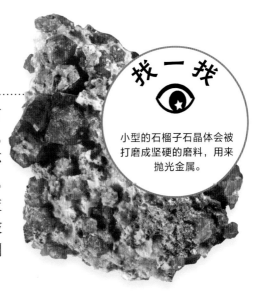

找一找

小型的石榴子石晶体会被打磨成坚硬的磨料，用来抛光金属。

血红色的石榴子石看起来有点儿像嵌在火成岩中的石榴子。石榴子石实际上是由约 20 种不同矿物组成的硅酸盐矿物亚类。其他颜色的石榴子石从黄色到蓝色和紫色不等。尽管它容易破裂，高质量的石榴子石依然能制成美丽的宝石。

矿物

其他盐类矿物

下列这组奇异的矿物美丽而罕见，含有钨和钼等重金属，通常是有价值的矿石。

黑钨矿

这种矿物的英文名 wolframite 很酷，听起来像超级英雄，它来源于钨的旧称 wolfram。黑钨矿是提炼金属钨的主要矿石，而钨是一种用于制造军用车辆装甲镀层的重金属。黑钨矿晶体短小，呈黑色，通常形成于花岗岩、伟晶岩以及其他矿石矿物中，如锡石。

完美无瑕的白钨矿晶体有时被切割制成宝石。

白钨矿

白钨矿是一种稀有的钨矿石，其晶形为近于八面体的小型双金字塔形。与黑钨矿不同，白钨矿的晶体呈半透明的淡黄色或橙黄色。

铬铅矿

极其靓丽的橙红色晶体让铬铅矿成为收藏家的梦想。这种稀有矿物含铅和铬，大多具有细长形的晶体。

铬铅矿是一种含金属铬的矿石。你可以在不锈钢餐具和闪亮的厨房用具里找到铬。

钼铅矿

这种漂亮的含铅矿物呈明亮的橙色、红色或黄色。钼铅矿的晶体看起来像又薄又平的盘子。

矿物

准矿物

准矿物是"非完全矿物"，它颜色迷人，看起来像矿物，但存在一些与矿物不同的特性。许多准矿物实际上具有生物成因。

岩石观察小贴士

一种矿物需要具有第40~41页流程图中展示的特点。但准矿物看起来与矿物非常相似，甚至可能有一种或多种矿物属性。

珍珠

珍珠是所有准矿物中最著名且最昂贵的，主要产于带壳的海洋生物（软体动物）体内。当砂粒进入壳内并被卡住，这种软体动物就会在砂粒周围分泌碳酸钙（壳的构成物质），形成一个像洋葱一样带有薄层的坚硬球体，即珍珠。在这些薄层和光线的共同作用下，珍珠闪闪发光。

找一找

大多数珍珠产自牡蛎，非常珍贵。专家认为想找到珍珠就要挑选老的、外壳连接处宽厚的大牡蛎，且外表越丑越好！

琥珀

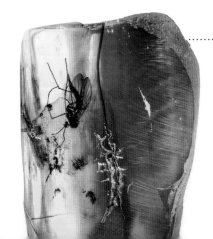

琥珀是由远古时的松树树脂的化石构成的。时间把黏稠的树脂变成了坚硬的焦黄色固体。琥珀是半透明的，你经常可以看到里面有昆虫、树叶或种子的遗存，甚至里面还可能有青蛙和蜥蜴。它们被永久地保存在琥珀中。

★
矿
物

蛋白石

蛋白石是一种带有光泽的石头，由硬化的二氧化硅胶凝体构成。由于一些蛋白石没有固定的原子模式，即无晶体，因此严格来说它不是一种矿物。古希腊人认为蛋白石是宙斯喜极而泣流下的眼泪，但现在我们知道了蛋白石形成于富含二氧化硅的水流过的岩石缝隙。有些蛋白石是不透明的，也有些是半透明的。

你知道吗？

澳大利亚盛产蛋白石。蛋白石被誉为澳大利亚的"国石"。

珊瑚

虽然组成矿物是方解石，但珊瑚是水母的近亲珊瑚虫聚集而成的。每一个珊瑚虫都会产生一个可供其在内部栖息的坚硬的小杯状外壁，附着在岩石或另一个珊瑚虫上。随着珊瑚虫越聚越多，珊瑚也随之变大。虽然珊瑚虫很小，但这些无脊椎动物却造就了地球上最大的生物结构——珊瑚礁。

找一找

珊瑚礁通常分布于温暖的热带浅海水域。

你知道吗？

澳大利亚沿海的大堡礁绵延 2000 多千米，是世界上最大的珊瑚礁，从外太空都能看到它。

煤精

外表光滑的煤精让人赏心悦目。虽然经常被当作宝石，但煤精实际上是一种最坚硬、最致密的煤。腐烂的木头和其他植物被成吨的沉积岩掩埋、压实就可能形成煤精。

★ 矿物

玉石

一些特殊的岩石和矿物被打磨和抛光后非常好看。这些装饰性的石头自古以来就被制成珠宝和装饰品。

找一找

阿富汗以其古老的青金石矿而闻名。

青金石

几千年来，人们对这种深蓝色的石头一直充满渴望。青金石是一种半宝石，其粉末曾经被用于制作蓝色颜料。青金石既可以指一种矿物，又可以指一种岩石。作为岩石的青金石与所有岩石一样，由许多不同的矿物组成，最主要的一种就是铝硅酸盐矿物青金石，其他还包括方解石、方钠石、黄铁矿和少量其他矿物。

绿松石

绿松石是一种浅蓝绿色、不透明的磷酸盐矿物。它的手感像蜡，晶体很小，需要借助工具才能看到。绿松石是世界上最古老的玉石之一，对于许多古代文明来说都非常重要，如古埃及文明和位于中美洲的美索美洲文明。美索美洲文明认为绿松石有特殊的力量。

玛瑙

玛瑙是玉髓的一种，是一种细粒石英，由微小的晶体组成，因而外观呈乳质。富含二氧化硅的流体在岩石中流动、沉淀、层层堆积形成了玛瑙的条带状结构。

岩石观察小贴士

玛瑙的种类繁多。虹彩玛瑙颜色丰富；条纹玛瑙颜色鲜艳，有自然生长的条带；而苔纹玛瑙有贯穿其中的苔藓状丝线，看起来像蓝纹奶酪。

条纹玛瑙

蓝色约翰

蓝色约翰是一种带有蓝色、紫色、黄色和白色条纹的萤石。它存在于石灰岩的矿脉中。罗马人非常喜欢它，并用它制造水壶，认为这样储存的水会更新鲜。

蓝色约翰只在两个地方出产，即蓝色约翰岩洞和特雷克悬崖岩洞，二者都位于英国的峰区。

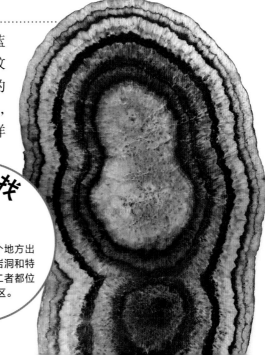

矿物

宝石

这四种非常坚硬的矿物是地球上最昂贵的石头。它们熠熠夺目，永葆光泽，几乎不会产生划痕，晶莹剔透，色彩绝佳，非常珍贵。

钻石

钻石是宝石级别的、经过打磨的金刚石。从成分来看，钻石没有什么特别之处，跟石墨一样单纯由碳元素构成。然而，在地球深部受到高温、高压作用后，钻石变得明亮闪耀，坚硬耐磨。它是世界上已知的最坚硬的矿物。唯一能切割钻石的是另一颗钻石。

你知道吗？

库利南钻石是迄今为止人们发现的最大的钻石之一，于1905年发现于南非，长约10厘米。

岩石观察小贴士

大多数钻石因晶体中含有杂质而呈微黄色至棕色。未经加工的钻石通常呈八面体形状。

找一找

非宝石品质的刚玉经常被研磨后制成砂纸。它也可以制成喷砂材料来清洁肮脏的旧建筑物。

蓝宝石

蓝宝石和红宝石是非常珍贵的两种宝石，都由矿物刚玉构成。蓝宝石通常是蓝色的，但也可以呈灰色、棕色、黄色、绿色甚至任意颜色。蓝宝石的蓝色来自晶体中的杂质铁和钛。

红宝石

红色的刚玉晶体被称为红宝石，其颜色来自矿物中的杂质金属铬。红宝石的尺寸通常很小，颜色为浅粉色至深红色不一。最珍贵的红宝石之一是来自缅甸的"鸽血红"红宝石。

岩石小词典

克拉： 宝石的质量计量单位。

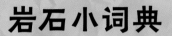

一些最著名的祖母绿产自南美洲的哥伦比亚。祖母绿通常存在于花岗岩和伟晶岩中，与石英等其他矿物混合共生。

祖母绿

祖母绿具有绿色的六方柱状晶体，是绿柱石矿物中晶体质量最好的。尽管价值不菲，但这些晶体往往有很多瑕疵，内部布满裂纹，因此切割起来并不容易，很费脑筋！

岩石观察小贴士

尽管祖母绿的外观呈现饱满的绿色光泽，但它摩擦后留下的粉末却是白色的。

化石

化石是保存在岩石中的生物遗存。通过化石，我们得以窥见那个存在着奇特植物和神奇动物的远古时代。

化石种类

实体化石是指由部分生物遗体形成的化石。富含矿物的流体在化石内沉积，取代了遗体从而形成实体化石。生物遗留下来的东西形成的化石被称为**遗迹化石**，如恐龙的粪化石、足迹化石。柔软的沉积物包裹在生物遗体周围，留下中空的模型，这样的化石称为**铸型化石**。如果化石中仅仅保留了动物或植物一侧的印模，就被称为**印模化石**，这种化石通常保存着皮肤、树皮或叶子的细节特征。

化石是如何形成的？

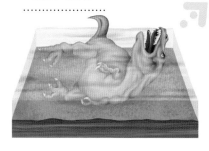

（1）生物死亡后，其遗体留在地表或海底。如果它能不被食腐动物吃掉，那么就更有可能成为化石。

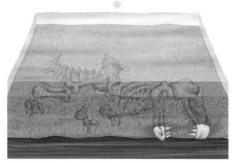

（2）重要的是被迅速埋藏在沉积物之下。如果生物遗体长时间留在地表，就会腐烂，被食腐动物吃掉或被潮汐、雨、风弄得四分五裂。

你知道吗？

古人认为化石是曾经生活在地球上的神话生物的遗存。比如，菊石化石曾被称为蛇石，而恐龙骨骼化石被认为是龙和巨人的遗存。

岩石小词典

粪化石：动物粪便形成的化石。

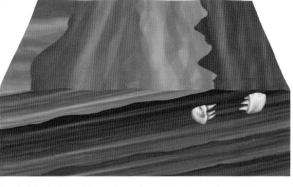

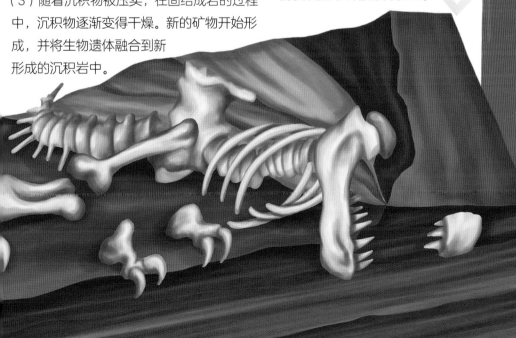

（4）地球内部的运动和岩层的侵蚀最终让化石重新回到地表。

（5）这些生物遗存只有被人们发现后才会被称为化石。

（3）随着沉积物被压实，在固结成岩的过程中，沉积物逐渐变得干燥。新的矿物开始形成，并将生物遗体融合到新形成的沉积岩中。

无脊椎动物化石

除两栖类、鸟类、鱼类、爬行类、哺乳类和圆口类以外的动物，称为无脊椎动物。与脊椎动物不同的是，无脊椎动物没有脊柱。虽然其中有一些在陆地生活，但大多数无脊椎动物栖息在海洋中。

三叶虫

很久以前，这些长相奇特的生物是地球上数量最多的动物。它们生活在大约5.2亿年前的海底，外表看起来像潮虫，背部和腿都分节。迄今为止人们发现的最大的三叶虫化石长71厘米。

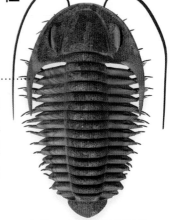

年代：5.2亿~2.51亿年前

恰尼虫

1956年，一个名叫蒂娜·尼格斯的女学生发现了著名的恰尼虫化石。恰尼虫是地球上最古老的生命形式之一，科学家们还不确定它到底是植物还是动物。虽然它像一片印在岩石上的树叶，但现存的生物中可能并没有恰尼虫的对应物种。

年代：5.79亿~5.55亿年前

你知道吗？

第一块被人们发现的恰尼虫化石很小，但之后发现的一些化石比成年人类还高。

笔石

年代：5.1亿~3.2亿年前

这些有趣的植物状化石看起来像岩石上的一堆波浪线。由于现存生物中没有与笔石相似的物种，所以我们还不确定它们是什么。目前为止最可能的假设是，每一条海藻状波浪线上都栖息着一群微小的动物，有点儿类似珊瑚与珊瑚虫。

箭石

箭石化石看起来像用过的子弹壳。它们实际上是一种鱿鱼状生物的遗骸。生物柔软的外部身体腐烂已久，留下坚硬的、决定生物体形状的内壳"鞘"。

年代：2.05 亿~0.66 亿年前

年代：5.3 亿年前至现在

棘皮动物

这类多棘的无脊椎动物包括海星、蛇尾、海百合、海胆和海参。由于它们的身体呈五辐射对称，与其他大多数动物不同，因此容易辨别。

找一找

海百合看起来像植物，但实际上是动物。海百合的一部分茎形成的五角星状化石被称为仙女币。

年代：4.1 亿~0.66 亿年前

菊石

岩石中卷曲的旋涡是菊石化石的经典标志。菊石是一种亿万年前在温暖的热带海洋中游动的有壳生物，但它们与恐龙同时灭绝了。最好的菊石化石样本是壳的内部被其他矿物填满。

岩石小词典

灭绝： 地球上的某个物种或某个生物群体全部死亡，不复存在。

鱼化石

鱼类已经在海洋中生存了 5 亿多年。虽然可能没有恐龙化石那么令人兴奋，但鱼化石是地球上保存最完好的化石之一。

找一找

皮卡虫的微小化石只发现于加拿大的伯吉斯页岩。它长相可爱，有一个小脑袋和一对触须。

皮卡虫

鱼是地球上最早的脊椎动物。所有脊椎动物的祖先都是类似皮卡虫的小鱼。

年代：约 5.05 亿年前

无颌鱼

地球上最古老的鱼和现在的鱼长得一点儿都不像。它们很小，没有颌，身上覆盖着重叠的骨质甲片。属于无颌鱼的古代沟鳞鱼有一对强有力的鳍，像有关节的手臂，可以推动身体在海底的泥浆中前进。如今，这个曾经庞大的无颌鱼类群只有两种幸存物种，即七鳃鳗和盲鳗，后者亦称黏鳗。

年代：3.87 亿 ~3.6 亿年前

邓氏鱼

这种古老的鱼是恐怖的深海生物。它的身长可达成年人的七倍，重达一吨，头部覆盖着坚硬的骨骼。与早期的鱼类不同的是，这种动物有能咬合的颌，但它没有牙，取而代之的是吻部的齿板。

年代：3.75 亿 ~3.59 亿年前

巨齿鲨

巨齿鲨被认为是有史以来最大的捕食者之一。这种骇人的鲨鱼可长达 18 米，重量超 50 吨。唯一保留下来的巨齿鲨化石是它的牙齿和椎管。其体内的骨骼并不是硬骨，而是有弹性的软骨。

年代: 0.23 亿 ~0.026 亿年前

找一找

去赫恩湾找一找吧，那里是英国最受欢迎的鲨鱼牙齿化石收集地之一。

岩石小词典

软骨：主要位于关节处的坚硬而有弹性的组织。

辐鳍鱼

这些鱼的鳍由骨刺支撑。大多数现代鱼都属于这一类群，它们遍布于世界各地。

年代: 0.23 亿 ~0.026 亿年前

肉鳍鱼

现在幸存的肉鳍鱼只有可以用鳔呼吸空气的肺鱼和神秘的深海腔棘鱼。肉鳍鱼很重要，因为它们厚而扁胖的鳍是四足动物进化的起点。

年代: 约 3.7 亿年前

你知道吗？

腔棘鱼曾一度被认为已经在 1 亿年前灭绝了。然而 1938 年，一位专家在南非的市场里发现了一条腔棘鱼。

植物化石

地球是一个绿色的星球。少水的陆地（和一些潮湿的海岸带）被植物覆盖，这些植物将太阳的能量转化成食物，为所有其他的生命提供了生存条件。

地衣

最原始的植物有微小的浮游植物和海藻，它们在海洋中生存，小到仅用肉眼无法观察。大约 4 亿年前，地衣和苔藓等植物从海洋转移到陆地。现代地衣与这些古代植物非常相似。

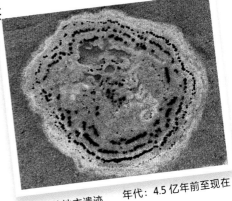

岩石上的地衣遗迹　　年代：4.5 亿年前至现在

找一找

菱形的鳞片在高大的鳞木树干上螺旋排列。

年代：3.6 亿 ~ 2.05 亿年前

你知道吗？

地球上植物的数量比动物多 1000 倍。

鳞木

鳞木是一种巨大的蕨类植物，有粗壮的木质树干。和所有的蕨类植物一样，鳞木通过产生孢子来繁殖。鳞木是一种高大的石松，像鳞木一样的植物遍布于史前的沼泽地区。

岩石小词典

孢子：微小的单细胞生殖体，由某些植物、真菌或单细胞生物产生，可以长成新的个体。

舌羊齿

舌羊齿是一种种子蕨植物，长得很高。这种植物的种子最早演化出了在干旱环境中长时间存活的能力。虽然有花植物直到大约 1.3 亿年前才出现，但在恐龙时代，舌羊齿就有一些类似花的组织。

年代：3 亿 ~2.5 亿年前

找一找

由于拥有独特的舌状叶子，舌羊齿的化石很容易被发现。

你知道吗？

舌羊齿化石遍布七大洲。这说明大约 2 亿年前，世界上所有的大陆是连接在一起的一个巨型超大陆，即泛大陆。

银杏

银杏树是众所周知的活化石。现在的银杏树基本与 2.7 亿年前的一样。

岩石小词典

活化石：现今仍然存在着的古老植物或动物，特征与同类的化石非常像。

你知道吗？

银杏树如此坚韧，是经历 1945 年日本广岛原子弹爆炸后存活下来的少数生物之一。

恐龙化石

毫无疑问，世界上最令人心生敬畏的化石是恐龙化石。这些可怕的爬行动物统治了地球 1.5 亿年，直到 6600 万年前才灭绝。

剑龙

剑龙，或称"屋顶蜥蜴"，以其背部的一排像瓦片一样向上竖起的骨板和微小的头骨而闻名。这种安静的植食性恐龙其实是一只小脑袋的巨兽。剑龙用四条腿走路，有一组可怕的尾刺，可以驱赶捕食者。

年代：1.55 亿~1.45 亿年前

你知道吗？

剑龙尾巴末端锋利的尖刺将近一米长，被称为尾刺。

三角龙

三角龙是另一种四足植食性恐龙。它的头骨很大，后部有骨质褶边，脸上长着三个角。三角龙用有角的喙状嘴切断植物。它们嘴里两侧各长有一块巨大的、融合在一起的齿骨，非常适合碾碎坚硬的植物，类似于现代的大象。虽然三角龙看起来脾气相当暴躁且不合群，但它们可能会成群地与其他恐龙一起迁徙。

年代：0.68 亿~0.66 亿年前

年代: 1.5 亿 ~1.49 亿年前

始祖鸟

始祖鸟化石可能是世界上最有价值的化石。这种不同寻常的"鸟恐龙"介于史前恐龙和现代鸟类之间。始祖鸟只有 50 厘米长，骨骼轻巧精致，羽毛适于飞行，与现代鸟类似。然而，始祖鸟没有喙，它有骨质的颌、一组尖牙、骨质尾，翅膀上还长着爪子。

霸王龙

霸王龙弯曲的尖牙长达 23 厘米，恐龙之王的称号当之无愧。这种凶猛的"暴君蜥蜴"是陆地上有史以来最大的掠食者之一。霸王龙用两条腿行走，并用一条强壮的尾巴保持平衡。它能快速移动，下颌坚硬得能咬碎骨头，咬合力惊人。

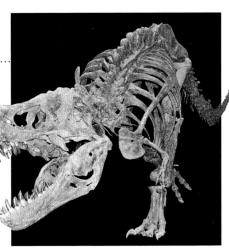

年代: 0.68 亿 ~0.66 亿年前

你知道吗?

霸王龙一口能吃掉 230 千克肉。

找一找

保存最完好的霸王龙骨架化石名叫"苏"，是一具几近完整的成年雌性霸王龙的骨架，现保存于美国芝加哥的菲尔德自然历史博物馆。

爬行动物化石

在恐龙时代，巨大的怪物潜伏在浅海中，有翅膀的生物在天空中翱翔。这些非凡的爬行动物的遗骸最终变成了令人惊叹的化石，永久地保留在岩石中。

年代：2 亿~1.9 亿年前

双型齿翼龙

双型齿翼龙是早期的一种会飞的爬行动物，头大，四肢短，尾巴长。这种动物的翅膀由伸展于后腿和长长的第四根翼指之间的大而坚韧的翼膜构成。

翼手龙

1784 年，第一块翼手龙化石被发现。这是发现最早的翼龙化石。翼手龙的头很大，脖子和四肢很长，尾巴很短。

年代：2 亿~1.36 亿年前

动物小词典

翼龙：字面意思是"带翼的龙"，是一种会飞的爬行动物。

找一找

寻找翼手龙化石的最佳地点是德国巴伐利亚的索尔霍芬石灰岩地区。在侏罗纪晚期，这片区域是一个热带岛屿，许多翼手龙在这里栖息。

你知道吗？

最大的翼龙是风神翼龙，其翼展可达 10 米，比 F-16 战斗机还宽。

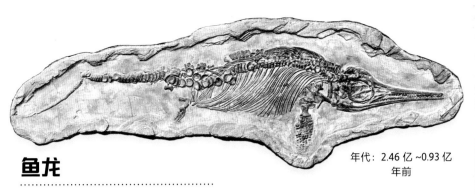

鱼龙

年代: 2.46 亿 ~0.93 亿年前

　　这种"鱼蜥蜴"长得像海豚，但有一条类似于鲨鱼的垂直的尾巴。它长长的吻部上长着许多尖牙，可以在水里捕鱼。眼窝周围有一圈骨头，能在深水中保护眼睛不受伤害。

蛇颈龙

　　这种长脖子的海洋生物有着传说中的尼斯湖水怪的外形，它在水中灵活而敏捷地游动，以鱼为食。

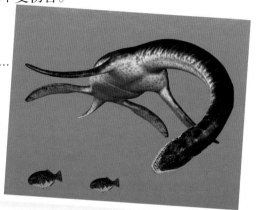

年代: 2.08 亿 ~0.66 亿年前

你知道吗?

　　迄今为止，人们发现的最大的、完整的海生爬行动物是萨斯特鱼龙。它身长 21 米，大约和露脊鲸一样长。

滑齿龙

　　滑齿龙比萨斯特鱼龙小得多，但也有将近 15 米长，比现代雌性抹香鲸还要长。滑齿龙是一种上龙。

年代: 1.66 亿 ~1.4 亿年前

词汇表

板块：上方承载着大陆和海洋的地壳厚板，板块在地表漂移，板块边缘有时会发生碰撞。

孢子：微小的单细胞生殖体，由某些植物、真菌或单细胞生物产生，可以长成新的个体。

层理：沉积岩中的沉积层，让层积岩看起来像层层堆积的一叠纸。

沉淀：从液态溶液中析出固体物质的过程。

大陆：地球表面上面积广大而完整的未被海水浸没的部分。

地幔：位于地壳和地核之间的地球结构。地幔并不完全是液态的，但可以发生移动和塑形。

地壳：覆盖地球表层的固态岩石。

断裂：指晶体破碎的方式，例如晶体通常断裂成贝壳状。

二氧化硅：地球上最常见的物质之一；它有多种形式，但主要以石英的形式存在。

风化：岩石表面受到天气、流水或植物的作用而缓慢被破坏或分解。

活化石：现今仍然存在着的古老植物或动物，特征与同类的化石非常像。

脊椎动物：有脊椎骨的动物。

结核：一种嵌在岩石中的特殊的矿物块。

结晶：物质冷却或干燥后形成晶体的过程。

晶体：原子、离子或分子按一定空间次序排列而成的固体，通常有规则的形状，表面平坦且边缘齐整。

克拉：宝石的质量计量单位。

矿脉：被其他矿物填充的岩石裂缝，通常呈现出不同的颜色和质地。

矿石：含有用矿物并有开采价值的岩石。

联结： 当不同矿物的晶体共生，晶体的边缘与其他晶体的边缘相接。

漏斗晶体： 一种杯状晶体，底部比顶部薄。

露头： 岩层等出露于地表的部分。

灭绝： 地球上的某个物种或生物群体全部死亡，不复存在。

侵入： 炽热的岩浆挤入地下岩石内部的过程。

侵入岩： 由地下侵入过程形成的火成岩。

侵蚀： 物体受到天气或水的作用逐渐磨损的过程。

溶液： 一种含有溶解矿物的液体。

熔化： 固体受热后变成液体。

软骨： 主要位于关节处的坚硬而有弹性的组织。

上龙： 一种短颈海生爬行动物。

碎斑： 嵌在新形成的、颗粒更细的岩石中的旧的晶体碎片。

条痕： 矿物在白色无釉瓷板上摩擦时留下的粉末痕迹。

温泉： 热的、富含矿物的水体，有的位于火山地区。

岩浆： 炽热的、熔化的岩石。

翼龙： 字面意思是"带翼的龙"，是一种会飞的爬行动物。

杂质： 一种通常不属于岩石或矿物的组成成分的物质。

蒸发： 液体受热后变成气体的过程。

索引

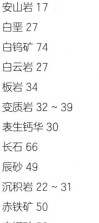